BEI GRIN MACHT SICH IHR WISSEN BEZAHLT

AF137254

- Wir veröffentlichen Ihre Hausarbeit,
  Bachelor- und Masterarbeit

- Ihr eigenes eBook und Buch -
  weltweit in allen wichtigen Shops

- Verdienen Sie an jedem Verkauf

Jetzt bei www.GRIN.com hochladen
und kostenlos publizieren

Bibliografische Information der Deutschen Nationalbibliothek:

Die Deutsche Bibliothek verzeichnet diese Publikation in der Deutschen National-
bibliografie; detaillierte bibliografische Daten sind im Internet über http://dnb.d-
nb.de/ abrufbar.

Impressum:

Copyright © 2016 GRIN Verlag, Open Publishing GmbH
Druck und Bindung: Books on Demand GmbH, Norderstedt Germany
ISBN: 978-3-668-18936-2

Dieses Buch bei GRIN:

http://www.grin.com/de/e-book/319604/wir-backen-waffeln-den-einkauf-planen-
und-mit-dezimalzahlen-berechnen

Jennifer Raab

„Wir backen Waffeln". Den Einkauf planen und mit Dezimalzahlen berechnen (Mathematik, Klasse 6)

GRIN Verlag

GRIN - Your knowledge has value

Der GRIN Verlag publiziert seit 1998 wissenschaftliche Arbeiten von Studenten, Hochschullehrern und anderen Akademikern als eBook und gedrucktes Buch. Die Verlagswebsite www.grin.com ist die ideale Plattform zur Veröffentlichung von Hausarbeiten, Abschlussarbeiten, wissenschaftlichen Aufsätzen, Dissertationen und Fachbüchern.

Besuchen Sie uns im Internet:

http://www.grin.com/

http://www.facebook.com/grincom

http://www.twitter.com/grin_com

Unterrichtsvorbereitung

Zwischenbesuch zur
Übernahme in das Beamtenverhältnis auf Lebenszeit

Thema der Unterrichtseinheit:
Dezimalzahlen

Thema der Unterrichtsstunde:
„Wir backen Waffeln" –
den Einkauf mithilfe eines Prospektes und Rezeptes planen
und den Einkaufswert mit Dezimalzahlen berechnen

Inhaltsverzeichnis

1. Stellung der Stunde in der Unterrichtseinheit

Datum/ Stunde	Thema der Stunde/n	Angestrebter Kompetenzzuwachs Die Lernenden erweitern ihre Kompetenz …	Prozess-modell
03.03.16 1.Std	„Dezimalzahlen im Alltag"- Vorwissen aktivieren	…mathematisch zu kommunizieren, indem sie ihr Vor-wissen zu Dezimalzahlen aktivieren, ihre Überlegungen in einer Mindmap veranschaulichen, miteinander vergleichen und ihre Mindmap ergänzen.	Lernen initiieren und vorbereiten
04.03.16 2.Std	„Die Stellentafel"- Mithilfe der Stellen-tafel Dezimalzahlen darstellen	…mathematische Darstellungen zu verwenden, indem sie die Stellenwerttafel zur Darstellung von Dezimal-zahlen nutzen und Dezimalzahlen von der Stellenwert-tafel ablesen.	Lernwege eröffnen und gestalten
07.03.-08.03.16 3./4.Std	„Größer oder kleiner?"- Dezimalzahlen vergleichen	…mathematisch zu kommunizieren und zu argumentie-ren, indem sie Dezimalzahlen miteinander vergleichen und begründet der Größe nach ordnen.	
08.05.16 5.Std	„Dezimalzahlen auf dem Zahlenstrahl"- Dezimalzahlen anordnen	…mathematische Darstellungen zu verwenden, indem sie den Zahlenstrahl zur Darstellung von Dezimalzahlen nutzen, sie darauf anordnen und vorgegebene Stellen benennen.	Orientierung geben und erhalten
11.03.16 6.Std (+ 7.Std)	**„Wir backen Waffeln"** **– den Einkauf mithilfe eines Prospektes und Rezeptes planen und den Einkaufswert mit Dezimalzahlen berechnen**	**… mathematisch zu modellieren, indem sie Informationen aus einem Rezept und einem Prospekt zu einer realen Problemstellung entnehmen, eine Auswahl an Produkten treffen und die Gesamtkosten berechnen. Sie präsentieren ihre Vorgehensweise und Ergebnisse.**	Kompeten-zen stärken und erweitern
8./9.Std	„Plus und Minus"- Dezimalzahlen addieren und subtrahieren	…mathematisch zu kommunizieren, indem sie eine Regel zum schriftlichen Addieren und Subtrahieren von Dezimalzahlen formulieren und diese auf Übungs-aufgaben anwenden.	
9./10.Std	„Malnehmen"- Dezimalzahlen multiplizieren	…mit symbolischen, formalen und technischen Elemen-ten der Mathematik umzugehen, indem sie Dezimal-zahlen schriftlich multiplizieren.	
11./12.Std	„Aufteilen, verteilen,…"- Dezimalzahlen dividieren	…mit symbolischen, formalen und technischen Elemen-ten der Mathematik umzugehen, indem sie Dezimal-zahlen schriftlich dividieren.	
13.Std	„Das Ergebnis ist ungefähr…"- Dezimalzahlen runden	…mit symbolischen, formalen und technischen Elemen-ten der Mathematik umzugehen, indem sie Dezimal-zahlen auf verschiedene Nachkommastellen runden.	
14.Std	„Brüche und Dezimalzahlen"- die Darstellungsform wechseln	…mit symbolischen, formalen und technischen Eleme-nten der Mathematik umzugehen, indem sie zwischen der Bruch- und Dezimalschreibweise wechseln.	
15./16.Std	„Dezimalzahlen im Alltag"- Sachaufgaben lösen	…mathematisch zu modellieren, indem sie realitäts-bezogene Aufgaben mit Dezimalzahlen lösen und ihr Ergebnis überprüfen.	
17./18.Std	„Wir überprüfen unser Wissen"- Selbstdiagnose	…mathematisch zu kommunizieren, indem sie mithilfe eines Selbstdiagnosebogens ihr Wissen überprüfen, reflektieren und für das eigenständige Üben nutzen.	Lernen bilanzieren und reflektieren
19.Std		**Mathematikarbeit Nr. 4**	

2. Lernvoraussetzungen

2.1 Allgemeine Lernvoraussetzungen

Die heutige Stunde findet in der Klasse 6 statt. Diese Lerngruppe setzt sich aus zwölf Mädchen und vierzehn Jungen zusammen. Ich unterrichte die Klasse seit Beginn des fünften Schuljahres in den Fächern Mathematik, Deutsch und Gesellschaftslehre und bin die Klassenlehrerin. Das Fach Mathematik wird seit der fünften Klasse fünf Stunden pro Woche unterrichtet. In der Klassenstufe fünf und sechs werden alle Fächer im Klassenverband unterrichtet.

Das Verhältnis zwischen der Klasse und mir schätze ich als positiv ein. Die Lernenden sind mir gegenüber freundlich und aufgeschlossen. Ich fühle mich als Klassenlehrerin akzeptiert und unterrichte sehr gern in dieser Klasse.

Leistungsstärkere Schülerinnen und Schüler im Fach Mathematik sind (..). Sie beteiligen sich häufig am Unterricht und sind am Fach Mathematik sehr interessiert. Allgemein ist die Mehrheit der Klasse in ihrer mündlichen Beteiligung jedoch noch etwas zurück-haltend. Sehr ruhig sind unter anderem (…). Leistungsschwächere Schülerinnen und Schüler sind (…). Sie benötigen meist Hilfestellungen beim Bearbeiten von Aufgaben.

J. verweigert in vielen Phasen das schriftliche Dokumentieren, insbesondere das Abschreiben von der Tafel, und kann sich häufig nicht länger auf eine Aufgabe konzentrieren. Außerdem hat sie Schwierigkeiten, sich selbst zu organisieren. Sie erhält Förderunterricht durch Herrn L. (BFZ). Außerdem wurde bereits der Schulpsychologische Dienst (Herr W.) eingeschaltet und es fanden bereits mehrere Elterngespräche mit Frau W. von der Schulsozialarbeit statt. Individuelle Unterstützung kann ihr häufig beim Arbeiten helfen. Ihre Sitznachbarin T. versucht, sie zu unterstützen. Im mündlichen Bereich beteiligt sich Jasmin regelmäßig, ihre schriftlichen Leistungen sind jedoch nur mangelhaft, da sie nicht alle Aufgaben bearbeitet. Sie erhält zusätzlich eine außerschulische Nachhilfe in Mathematik und nimmt an einer Verhaltenstherapie teil.

A. hat eine diagnostizierte Lese- und Rechtschreibschwäche. In der Grundschule wurde bei ihr auch eine Dyskalkulie festgestellt. Außerdem leidet sie unter Epilepsie und erhält Medikamente. Sie fehlt krankheitsbedingt häufiger und hat große Schwierigkeiten, sich zu organisieren und verpasste Inhalte aufzuarbeiten. A. hat in Mathematik große Schwierigkeiten mit den Grundrechenarten sowie dem Verständnis von Aufgabenstellungen allgemein und benötigt eine individuelle Betreuung. Sie erhält eine zusätzliche Förderung durch das BFZ (Herr L.), eine Aussetzung der Bewertung der Rechtschreibnote für die Fächer Deutsch und Englisch und die Nachteilsausgleiche „Verlängerung der Arbeitszeit" und „differenzierte Aufgabenstellungen".

Auch J. erhält diese beiden Nachteilsausgleiche. Er hat außerdem diagnostizierte ADHS und erhält seit einigen Wochen auf Wunsch der Mutter keine Medikamente mehr. Er hat im Unterricht häufig Schwierigkeiten, sich zu konzentrieren und sich zu organisieren. In manchen Phasen wirkt er sehr unruhig. Er lenkt sich mit anderen Tätigkeiten ab und schreibt nur sehr wenig. In Mathematik versucht er, sich mündlich zu beteiligen. Die schriftlichen Leistungen sind jedoch sehr unterschiedlich.

Insgesamt kann man feststellen, dass alle drei von Partner- und Gruppenarbeitsphasen profitieren, in denen sie sich mit anderen austauschen können und Unterstützung erhalten.

Durch ihr Arbeits- und Sozialverhalten fallen vor allem (…) auf. L. ist häufig unkonzentriert und stört in manchen Phasen den Unterricht. T. kommt häufig nur schwer ins Arbeiten hinein und albert herum. (…) sind leistungsstärkere Schüler, versuchen jedoch sehr schnell fertig zu sein und erledigen ihre Aufgaben oft nur oberflächlich, nicht vollständig und machen Flüchtigkeitsfehler.

2.2 Institutionelle Lernvoraussetzungen

Bei der Gesamtschule handelt es sich um eine integrierte Gesamtschule. Im Fach Mathematik findet ab dem kommenden siebten Jahrgang eine Differenzierung in E- und G-Kurse statt. Die Einstufung in die Kurse ist im Mai dieses Jahres.

Die heutige Unterrichtsstunde findet im Klassenraum statt. Zur Ausstattung des Raumes gehören eine Tafel und ein Overheadprojektor. Die Lernenden sitzen normalerweise in Reihen, für die heutige Stunde wurden jedoch Gruppentische gestellt.

2.3 Spezielle Lernvoraussetzungen

In dieser Unterrichtseinheit haben die Lernenden bereits ihr Vorwissen zu Dezimalzahlen aktiviert, die Stellenwerttafel zur Darstellung verwendet und Dezimalzahlen der Größe nach miteinander verglichen. Dabei fiel auf, dass sie durch den Umgang mit Geldbeträgen bereits eine Grund-vorstellung von Dezimalzahlen entwickelt haben. Mit der schriftlichen Addition und Subtraktion von Dezimalzahlen ist die Klasse noch nicht vertraut. Da sie jedoch in ihrem Alltag häufig mit Geldbeträgen in Berührung kommen, haben sie bereits eine gewisse Vorstellung davon, wie man Geldbeträge addiert und subtrahiert.

Einen stummen Impuls zu Beginn der Unterrichtsstunde habe ich mit der Lerngruppe schon häufiger durchgeführt, sodass Ihnen diese Methode bekannt ist. Es kann erfahrungsgemäß einen kurzen Augenblick dauern, bis die ersten Meldungen kommen.

Mit einem Partner oder in einer Gruppe haben die Lernenden schon häufiger gearbeitet. Zur Gruppenarbeit wurden bereits im letzten Schuljahr gemeinsam Regeln gesammelt und be-sprochen. Sie müssen jedoch weiterhin üben, jedes Gruppenmitglied miteinzubeziehen und beim Thema zu bleiben. Zwischenzeitlich kann es daher etwas unruhig in den Gruppen werden. Außerdem fällt es einigen noch schwer, gemeinsame Ergebnisse zu formulieren und ihre Vorgehensweise zu präsentieren, weshalb dies noch weiterhin geübt werden muss. Es wurde bereits in Gruppen mit den Rollenkarten gearbeitet. Die Einteilung wird von den Lernenden selbst getroffen. In vielen Situationen zeigte sich im Unterricht bereits, dass Leistungsstärkere freiwillig andere unterstützen, wenn sie ihre Aufgaben eigenständig gelöst haben.

Der Klasse steht im sechsten Jahrgang noch kein Taschenrechner zur Verfügung. Daher müssen die Lernenden die Berechnungen schriftlich, oder, wenn möglich, im Kopf durchführen.

Allgemein zeigt sich die Lerngruppe interessiert am Mathematikunterricht. Vor allem Aufgaben mit Alltagsbezug motivieren die Lernenden zum Arbeiten und regen häufiger zu Diskussionen über die Aufgabenstellung an. Es wurden bereits zuvor kleinere Modellierungsaufgaben in verschiedenen Themenbereichen gestellt, bei denen sie selbst Entscheidungen bzw. Vermutungen treffen konnten. Dabei zeigten sich ganz unterschiedliche Ideen und Aufgabenlösungen, die von der Lerngruppe im Anschluss angeleitet reflektiert wurden.

3. Sachanalyse

Eine Dezimalzahl ist eine „Zahl, deren Bruchteile rechts vom Komma angegeben werden".[1] Die Bezeichnung basiert auf dem Dezimalsystem, welches auch Zehnersystem genannt wird. Es ist ein Stellenwertsystem zur Darstellung von Zahlen und verwendet dabei die Zahl 10 als Basis. Zur Darstellung der einzelnen Zahlen werden die Ziffern von 0 bis 9 verwendet. Die Stelle einer Ziffer der Zahl ergibt ihren Wert.[2]

Dezimalzahlen können in eine erweiterte Stellenwerttafel eingeordnet werden.[3]

H	Z	E	z	h	t
100	10	1	$\frac{1}{10}$	$\frac{1}{100}$	$\frac{1}{1000}$
		2	8		
		0	1	5	

Man schreibt: Man liest:

2,8   „Zwei Komma acht"

0,15   „Null Komma eins fünf"

(Anmerkung: Die Darstellung ist vereinfacht und kann in beide Richtungen erweitert werden.)

Bei der schriftlichen Addition und Subtraktion von Dezimalzahlen schreibt man die Zahlen so untereinander, dass Komma unter Komma stehen. Somit stehen auch Hunderter, Zehner, Einer, Zehntel, Hundertstel usw. direkt untereinander, ebenso wie in der Stellenwerttafel. Mithilfe dieser Schreibweise kann die herkömmliche schriftliche Addition und Subtraktion durchgeführt werden. Das Komma wird bei der Lösung an dieselbe Stelle geschrieben.[4]

Beispiele: 1,99 + 0,49   1,99 - 0,49

$$
\begin{array}{r} 1,99 \\ +0,49 \\ \hline 2,48 \end{array} \qquad
\begin{array}{r} 1,99 \\ -0,49 \\ \hline 1,50 \end{array}
$$

Eine weitere Möglichkeit ist das Entfernen des Kommas vor dem Rechnen. Beim Addieren und Subtrahieren von Geldbeträgen werden die Eurobeträge somit in Centbeträge umgerechnet. Im Anschluss wird dann der Centbetrag durch das Setzen des Kommas wieder in einen Eurobetrag umgewandelt.

Beispiele: 1,99€ + 0,49€   1,99€ - 0,49€

$$
\begin{array}{r} 199 \\ +\;\;49 \\ \hline 248 \end{array} \qquad
\begin{array}{r} 199 \\ -\;\;49 \\ \hline 150 \end{array}
$$

=   2,48€   =   1,50€

Beim schriftlichen Dividieren von Dezimalzahlen mit ganzen Zahlen geht man genauso vor wie beim schriftlichen Divisionsverfahren ganzer Zahlen. Man setzt jedoch zusätzlich beim Überschreiten des Kommas auch im Quotienten ein Komma.[5] (A)

---

[1] http://www.duden.de/rechtschreibung/Dezimalzahl
[2] Das große Tafelwerk. S.10
[3] Mathematik 6. S.22
[4] Ebd.
[5] Ebd.

Eine weitere Möglichkeit, vor allem beim Dividieren von Geldbeträgen ist das Umwandeln in Centbeträge vor dem Rechnen. Im Anschluss wird dann der Centbetrag durch das Setzen des Kommas wieder in einen Eurobetrag umgewandelt. (B)

Beispiel: **A** $1,49 : 2 = 0,745$ **B** $149 : 2 = 74,5$ $= 0,745$
$\underline{-0}$ $\underline{-14}$
14 09
$\underline{-14}$ $\underline{-8}$
09 10
$\underline{-8}$ $\underline{-10}$
10 0
$\underline{-10}$
0

Dezimalzahlen werden meist auf zwei Nachkommastellen bzw. Hundertstel gerundet. Vor allem beim Rechnen von Geldbeträgen ist dies sinnvoll. Dabei gibt die dritte Nachkommastelle an, ob die zweite Stelle auf- oder abgerundet wird. Es gilt die Regel, dass bei den Ziffern 0,1,2,3,4 abgerundet und bei den Ziffern 5,6,7,8,9 aufgerundet wird. Rundet man ab, bleibt die Ziffer an der zweiten Nachkommastelle stehen. Rundet man auf, erhöht sich diese Ziffer um eins.[6]

Beispiel: $1,445 \approx 1,45$

———— Diese Stelle gibt an, dass aufgerundet werden muss.

———— Diese Stelle wird aufgerundet.

4. Didaktische Überlegungen

In den Bildungsstandards und Inhaltsfeldern für den Mittleren Schulabschluss beinhaltet der Kompetenzbereich „Mathematisch Modellieren" unter anderem folgende Aspekte: Die Lernenden „entnehmen Informationen aus [...] unterschiedlichen Informationsquellen", „arbeiten innerhalb des gewählten mathematischen Modells und übersetzen die Ergebnisse zurück in die Realsituation" und „prüfen [...] Ergebnisse in Realsituationen".[7] In den Lernzeitbezogenen Kompetenzerwartungen am Ende der Jahrgangsstufe 6 wird außerdem folgender Aspekt benannt: „entnehmen Sachtexten und Darstellungen aus der Lebenswirklichkeit Informationen".[8]

Innerhalb der Schwerpunktsetzungen in den Inhaltsfeldern in Jahrgangsstufe 5/6 wird im Inhaltsfeld „Zahl und Operation" der Teilbereich „Zahlen" benannt, zu welchem unter anderem „Dezimalbrüche" zählen.[9]

In dieser Unterrichtseinheit beschäftigen sich die Lernenden mit Dezimalzahlen. Sie kennen „Kommazahlen" bereits aus der Grundschule und verschiedenen Bereichen ihres alltäglichen Lebens. Diese Unterrichtsstunde dient vor allem dem Einstieg in das Rechnen mit Dezimalzahlen und soll den Lernenden veranschaulichen, dass sie bereits intuitiv Dezimalzahlen addieren bzw. subtrahieren können. Sie können hierfür ihre Vorerfahrungen des schriftlichen Addierens und Subtrahierens von Natürlichen Zahlen einbringen.

---

[6] Mathematik 6. S.21
[7] HKM: Bildungsstandards und Inhaltsfelder. S.18
[8] Ebd. S.23
[9] Ebd. S.26

6

Dezimalzahlen spielen nicht nur in ihrem aktuellen Alltag eine Rolle, sondern werden sie in ihrem weiteren Leben immer wieder begleiten, da in sehr vielen Lebensbereichen Dezimalzahlen angegeben werden. So haben sie bereits im Einstieg der Unterrichtseinheit benannt, dass sie Dezimalzahlen bei Gewicht, Längen, Punkten bei Computerspielen und vielem mehr kennen.

Der Schwerpunkt der Kompetenzförderung liegt in dieser Stunde auf dem mathematischen Modellieren. Die Lernenden sollen auf der Grundlage vorgegebener Bedingungen (Rezept, Kosten der Produkte, Höchstbetrag) Produkte für den Einkauf zusammenstellen und den Gesamtbetrag errechnen. Außerdem ziehen sie ggf. andere Gruppen mit in ihre Planung ein, wenn sie sich dazu entscheiden, bestimmte Lebensmittel zu teilen und somit die Kosten zu minimieren.

Um die Aufgabe zu lösen, vollziehen sie die Schritte des Modellierungskreislaufes, bei dem sie die reale Problemsituation verstehen, die Situation vereinfachen und in die Mathematik übersetzen. Nach dem Lösen mithilfe mathematischer Mittel, wird dann die Lösung interpretiert und wieder in den realen Kontext übertragen. Dabei spielt auch die Kompetenz des Kommunizierens, also des Verstehens der Realsituation, eine Rolle.[10] Modellierungsaufgaben dienen im Allgemeinen der Motivation der Lernenden, da sie das Behalten und Verstehen von mathematischen Inhalten unterstützen.[11]

Ich habe mich dafür entschieden, eine realitätsbezogene Aufgabe zu wählen, mit der die Lernenden etwas anfangen können. Ihnen sind das Einkaufen und die Auswahl von Produkten im Supermarkt oder in der schuleigenen Cafeteria bekannt. So müssen sie auch in ihrem Alltag ihr Taschengeld einteilen und abwägen, was sie sich kaufen können.

In dieser Altersstufe sind die Kinder außerdem noch sehr interessiert am Kochen und Backen. Im darauffolgenden siebten Schuljahr wird das WPK-Fach „Arbeitslehre" angeboten, bei dem sie unter anderem auch kochen und backen. Außerdem dient das anstehende gemeinsame Backen als Anreiz und Motivation zur Bewältigung der Aufgabenstellung und dem Rechnen mit Dezimalzahlen.

Eine Differenzierung findet hinsichtlich der heterogenen Gruppeneinteilung statt. Außerdem wird es zusätzlich Hilfekarten (Anhang 9.7) geben, auf denen Tipps zum Vorgehen und zum Rechnen vermerkt sind. Ich stehe ihnen außerdem für individuelle Hilfestellungen zur Verfügung. Sollte eine Gruppe schon schneller fertig sein, erhalten sie eine weitere Fragestellung, mit der sie sich beschäftigen können.

5. Methodische Überlegungen

Zu Beginn der Unterrichtsstunde dient der stumme Impuls dazu, dass die Lerngruppe neben der Beschreibung des Rezeptes auch erste Vermutungen zum Inhalt der Stunde äußern kann. Es soll das Interesse der Lernenden wecken. Der Klasse wird dann mitgeteilt, dass wir gemeinsam vor den Ferien Waffeln backen werden. Dies soll ihre Motivation steigern und Anreiz zur Neugier auf den Inhalt dieser Stunde geben. So sollen sie zunächst Überlegungen zu den Vorbereitungen treffen und im Anschluss Ideen zum Inhalt dieser Unterrichtsstunde sammeln.

Die Lernenden sollen in Gruppen gemeinsam den Einkauf mithilfe des vorgegebenen Geldbudgets und den Produkten planen. Gruppenarbeit ist eine wichtige Vorbereitung auf dem Weg zur Teamfähigkeit und wird in bestimmten Unterrichtssituationen eingeübt. Allgemein dient Gruppenarbeit vor allem der Förderung der Sozialkompetenz sowie der Kompetenz des Kommunizierens, da sich die Gruppenmitglieder untereinander austauschen und absprechen müssen.[12]

---

[10] Blum et al.: Bildungsstandards Mathematik. S.41
[11] Maß, Katja: Mathematisches Modellieren. S.16
[12] Barzel et al.: Mathematik Methodik. S.84.

Gruppenarbeit begünstigt den Kompetenzerwerb beim Modellieren, da „Entscheidungen getroffen und Vereinfachungen gemacht werden, die man erst in der Auseinandersetzung mit unterschiedlichen Ansätzen in ihrer Angemessenheit beurteilen kann."[13] Außerdem ist Gruppenarbeit vor allem geeignet, wenn die zu bearbeitende Aufgabe verschiedene Schritte erfordert und mehrere Lösungswege möglich sind, sodass die Gruppe diskutieren und es zu einer ausreichenden Kommunikation kommen kann.[14] Dies ist bei der Aufgabe dieser Stunde gegeben, da sich die Gruppenmitglieder auf eine Auswahl an Produkten einigen müssen unter Berücksichtigung des vorgegebenen Budgets. Neben der Auswahl der Produkte und dem Berechnen der Gesamtkosten soll ein gemeinsames Ergebnis formuliert und die Präsentation vorbereitet werden.

Die Tischgruppen wurden im Vorfeld von mir so eingeteilt, dass möglichst heterogene Gruppenzusammensetzungen entstehen (Anhang 9.2). Die heterogenen Gruppen bieten sich an, da Leistungsstärkere unterstützen können (siehe 2.3) und so ihr Wissen durch eigene Erklärungen festigen können. Es werden die Rollenkarten „Gruppenleiter", „Zeitwächter" und „Regelbeobachter" verteilt, damit jeder eine bestimmte Rolle übernehmen kann.

Alternativ hätte man in dieser Unterrichtsstunde auch die Methode des Think-Pair-Share wählen können, bei der sich zunächst jeder Einzelne Gedanken zur Lösung der Aufgabe macht. Ich habe mich jedoch dagegen entschieden, da vor allem der Austausch untereinander im Vordergrund stehen soll und gemeinsam eine Lösungsstrategie gefunden werden muss. Außerdem spielt die gemeinsame Einigung auf die Auswahl bestimmter Produkte eine Rolle zur Lösung der Aufgabe, sodass eine Einzelarbeitsphase hier weniger Sinn machen würde.

Nach der Arbeitsphase sollen etwa zwei bis drei Gruppen ihre Ergebnisse mithilfe der vorstrukturieren Folien präsentieren (Anhang 9.6). Die Klasse gibt der jeweiligen Gruppe im Anschluss ein Feedback zu ihrer Arbeit. Die Reflexionsfragen am Ende der Stunde dienen dazu, dass sich die Lernenden Gedanken darüber machen, was sie in dieser Stunde gelernt haben (Anhang 9.8).

6. Angestrebter Kompetenzzuwachs

Die Lernenden erweitern ihre Kompetenz *Mathematisch zu modellieren*, indem sie Informationen aus einem Rezept und einem Prospekt zu einer realen Problemstellung entnehmen, eine Auswahl an Produkten treffen und die Gesamtkosten berechnen. Sie präsentieren ihre Vorgehensweise und Ergebnisse.

---

[13] Bruder et al.: Mathematikunterricht entwickeln. S.133
[14] Barzel et al.: Mathematik Methodik. S.85

7. Verlaufsplan

Zeit	Phase/Inhalt	Methode/ Sozialform	Medien
08:45Uhr- 08:47Uhr	Begrüßung		
08:47Uhr- 08:50Uhr	**Einstieg/ Motivation:**		
	Den Lernenden wird das Rezept auf Folie präsentiert. Lehrer wartet auf Äußerungen der Lerngruppe.	Stummer Impuls	OHP, Folie
	Mögliche Schüleräußerungen: - „Das ist ein Waffelrezept." - „Die Zutaten sind aufgelistet" - „Das Vorgehen beim Backen wird beschrieben." - „Man sieht ein Bild von gebackenen Waffeln." - „Wir werden Waffeln backen."	Schüler- äußerungen	
	„Ich habe mir überlegt, wir könnten vor den Ferien gemeinsam in die Schulküche gehen und Waffeln backen. Was muss denn gemacht werden, bevor gebacken werden kann?"	Lehrer- Impuls	
	Mögliche Schüleräußerungen: - „Wir müssen einkaufen gehen." - „Wir müssen planen, wer welche Zutaten mitbringt." - „Wir müssen Waffeleisen mitbringen." - „Wir müssen einfach Waffeln einkaufen." - ...	Schüler- äußerungen	
08:50Uhr- 08:55Uhr	**Problemstellung**		
	„Was könnte denn eure Aufgabe heute in dieser Mathe- stunde sein?"	Lehrer- Impuls	
	Mögliche Schüleräußerungen: - „Wir sollen das Backen planen." - „Wir sollen die Mengen berechnen." - „Wir sollen die Produkte zusammenrechnen." - „Wir sollen die Kosten berechnen." - „..."	Schüler- äußerungen	
	Arbeitsauftrag: „Ihr seid schon auf dem richtigen Weg. Eure Aufgabe wird es sein, gemeinsam in eurer Gruppe das Backen zu planen. Zur Planung erhaltet ihr ein Waffelrezept und ein Rewe-Prospekt mit aktuellen Preisen, damit ihr die Zutaten vorher einkaufen könnt. Eurer Gruppe stehen dafür 5 Euro aus der Klassenkasse zur Verfügung."	Lehrer- Vortrag	
	Arbeitsauftrag: - Vorgehen besprechen - Einkauf planen - Gesamtkosten berechnen - Präsentation vorbereiten		OHP, Folie mit Aufgabe
	Hinweis auf die Hilfekarten		
	Offene Fragen werden geklärt.		

9

08:55Uhr- 09:15Uhr	**Arbeitsphase:** Die Gruppen planen gemeinsam ihre Vorbereitungen für das Backen. Mögliche/ erwünschte Schüleraktivitäten: - Vorgehen planen - Produkte aussuchen - Kosten berechnen - Präsentation vorbereiten	Gruppen- arbeit Lehrer gibt ggf. indiv. Hilfen	Arbeitsblatt, Stifte, Folie, Rezept, Prospekt, Hilfekarten
	<u>Didaktische Reserve:</u> Wie viel würde es kosten, alle Produkte zu kaufen? Gibt es noch weitere Produkte, die dazu passen würden? Gebt Schätzungen zu den Preisen an. <u>Möglicher Ausstieg:</u> Zwischenreflexion - „Wie weit seid ihr gekommen?" - „Wie seid ihr vorgegangen?" - „Was ist noch zu tun?"		
09:15Uhr- 09:30Uhr	**Ergebnissicherung:** 2-3 Gruppen präsentieren ihre Ergebnisse und Vorgehensweisen und erhalten eine Rückmeldung von der Lerngruppe. Mögliche Reflexionsschwerpunkte: - Schwierigkeiten - Unterschiedliche Lösungen - Strategie zum Minimieren der Kosten - ...	Schüler- vortrag/ Unterrichts- gespräch	OHP, Folien
	Schlussreflexion: - „Äußert euch zu folgenden Satzanfängen."	Lehrer- Impuls	OHP, Folie
	Mögliche Schüleräußerungen: „Heute habe ich..." ... „Kommazahlen zusammengerechnet/ Produkte ausgesucht/ das Backen geplant/ ..." „Schwierigkeiten hatte ich..." ... „bei der Absprache mit den anderen/ beim Rechnen der Kommazahlen/ mit dem Geld auszukommen/..." „Besonders leicht gefallen ist mir..." ... „die Produkte auszusuchen/ das Vorgehen zu planen/ die Absprache mit den anderen/..." „Mein Ziel für die nächsten Stunden ist..." ... „die Produkte einzukaufen/ die Waffeln zu backen/ das Rechnen mit Dezimalzahlen zu üben/..."	Schüler- äußerungen	

8. Literatur- und Quellenangaben

Barzel, Bärbel/ Holzäpfel, Lars/ Leuders, Timo/ Streit, Christine: Mathematik unterrichten: Planen, durchführen, reflektieren. Berlin: Cornelsen 2012.

Barzel, Bärbel/ Büchter, Andreas/ Leuders, Timo: Mathematik Methodik. Handbuch für die Sekundarstufe I und II. Berlin: Cornelsen Scriptor 2007.

Blum, Werner/ Drüke-Noe, Christina/ Hartung, Ralph/ Köller, Olaf: Bildungsstandards Mathematik: konkret. Sekundarstufe I: Aufgabenbeispiele, Unterrichtsanregungen, Fortbildungsideen. Berlin: Cornelsen Skriptor 2006.

Bruder, Regina/ Leuders, Timo/ Büchter, Andreas: Mathematikunterricht entwickeln. Bausteine für kompetenzorientiertes Unterrichten. 2. Auflage. Berlin: Cornelsen Skriptor 2012.

Das große Tafelwerk. Formelsammlung für die Sekundarstufen I und II. Berlin: Cornelsen 2003.

Hessisches Kultusministerium: Bildungsstandards und Inhaltsfelder. Das neue Kerncurriculum für Hessen. Sekundarstufe I. Wiesbaden: 2011.

Maß, Katja: Mathematisches Modellieren. Aufgaben für die Sekundarstufe I. Berlin: Cornelsen Skriptor 2007.

Mattes, Wolfgang: Methoden für den Unterricht. 75 kompakte Übersichten für Lehrende und Lernende. Paderborn: Schöningh 2002.

Mathematik 6. Braunschweig: Westermann 2007.

Paradies, Liane/ Linser, Hans Jürgen: Differenzieren im Unterricht. Berlin: Cornelsen Skriptor 2001.

Online-Quellen:

www.rewe.de (03.03.2016)

http://www.chefkoch.de/rezepte/drucken/448991137121794/2309481a/1/Waffeln.html (03.03.2016)

http://clipart.coolclips.com/480/vectors/tf05153/CoolClips_vc006633.png (04.03.2016)

http://www.duden.de/rechtschreibung/Dezimalzahl (04.03.2016)

9. Anhang

9.1 Mögliche Lösungswege

1. Addieren der Dezimalzahlen durch „untereinander schreiben"

2. Vorherige Umrechnung in Centbeträge und anschließende Addition

3. Umrechnen in Brüche und anschließende Addition

4. Verwendung der Stellenwerttafel

5. Aufrunden/ Abrunden der Beträge und Überschlagen

Zusatz: Teilen der Mengen/ Beträge durch mehrere Gruppen (Ersparnis)

Kalkulation der Kosten:

Günstigster Preis für den Teig = 3,64 € (Eier aus Bodenhaltung)/ 4,23 € (Eier aus Freilandhaltung)

Mögliche Aufteilung der Produkte:

Eier: auf 2 Gruppen aufteilen → 1,59€ : 2 ≈ 0,80€   oder 0,99 : 2 ≈ 0,50€

Zucker: auf 6 Gruppen aufteilen → 0,65 : 6 ≈ 0,11€

Margarine: auf 4 Gruppen aufteilen → 0,59 : 4 ≈ 0,15€

Mehl: auf 4 Gruppen aufteilen → 0,35€ : 4 ≈ 0,09€

Milch: auf 4 Gruppen aufteilen → 0,55€ : 4 ≈ 0,14€

Nutella: z.B. auf 2 Gruppen aufteilen → 2,65 : 2 ≈ 1,33€

Vanille-Eis: z.B. auf 2 Gruppen aufteilen → 2,29€ : 2 ≈ 1,15€

9.3 Arbeitsblatt

Wir backen Waffeln!

Vor den Ferien werden wir gemeinsam Waffeln in der Schulküche backen. Aus diesem Grund sollt ihr in eurer Gruppe dieses Vorhaben planen. Eurer Gruppe stehen 5 Euro aus der Klassenkasse zum Einkauf zur Verfügung. Überlegt gemeinsam, wie ihr vorgehen wollt! Ziel ist es, eine passende Auswahl an Produkten zusammenzustellen und die Gesamtkosten für euren Einkauf zu berechnen. Erstellt hierfür am Ende eine Einkaufsliste.

Los geht's! ☺

Unser Vorgehen:

- _____

- _____

- _____

- _____

Unsere Rechnung:

Unser Ergebnis:

Waffeln

Grundrezept und Serviertipp

Zutaten für ca. 10 Stück:

3   Ei(er)
125 g Zucker
1 Pck. Vanillezucker
125 g Margarine
1 TL   Backpulver
250 g Mehl
250 ml Milch

Zuerst Eier, Zucker und Vanillezucker mit einem Handrührgerät auf höchster Stufe verrühren. Anschließend Margarine hinzufügen und kurz verrühren. Abschließend Backpulver, Mehl, Milch und Salz gemeinsam hinzufügen, mixen und im gefetteten Waffeleisen goldgelb backen.

Tipp: Nicht pur genießen! Beim Servieren auf die warmen Waffeln Konfitüren, Nutella oder Puderzucker geben. Wer die Beilage jedoch selber machen will, kann auch einfach ein Glas Sauerkirschen in einen Topf geben, etwas Speisestärke und Zucker hinzufügen.

Arbeitszeit: ca. 15 Min.
Schwierigkeitsgrad: simpel
Kalorien p. P.:   keine Angabe

Verfasser: aime-becks

Quelle: http://www.chefkoch.de/rezepte/drucken/448991137121794/2309481a/1/Waffeln.html

9.5 REWE-Prospekt

0,55€

ja! Fettarme H-Milch 1,5% 1l

REWE Beste Wahl Eier Freilandhaltung
Klasse M - L 6 Stück

1,55€

0,29€

ja! Puderzucker 250g

0,35€

ja! Weizenmehl Typ 405 1kg

0,99€

Zentis Frühstücks-Konfitüre
Erdbeere/ Kirsche/ ... 200g

0,40€

ja! Schlagsahne 200g

0,25€

ja! Vanillinzucker 10 x 8g

2,65€

Nutella 450g

0,29€

ja! Backpulver 10 x 15g

0,99€

ja! Sauerkirschen entsteint &
gezuckert 350g

0,59€

Küchenmeister Speisestärke
400g

0,59€

Ja! Pflanzenmargarine 500g

9.6 Folie **0,99€**

REWE Beste Wahl Eier
Bodenhaltung Klasse M - L 6 Stück

2,29€

Ja! Bourbon Vanille-Eis
2500ml

0,65€

ja! Raffinade-Zucker 1000g

9.6 Folie

Gruppenmitglieder: _____

Unser Vorgehen:

- _____

- _____

- _____

- _____

Unsere Rechnung:

Unser Ergebnis:

9.7 Hilfekarten

Tipps zum Vorgehen:

1. Listet alle Zutaten auf, die ihr braucht bzw. die ihr zusätzlich wollt.

2. Sucht die Preise für die Zutaten heraus.

3. Berechnet den Gesamtwert der Zutaten

4. Überprüft, ob die 5 Euro reichen. Wenn nicht, überdenkt eure Auswahl.

(Tipps zum Rechnen findet ihr auf Hilfekarte Nr. 2)

Tipps zum Rechnen:

Schreibt die Dezimalzahlen so untereinander, dass Komma unter Komma steht und berechnet dann wie beim normalen schriftlichen Addieren. Das Komma ergänzt ihr an der gleichen Stelle bei dem Ergebnis.

Bsp: 1, 49

+ 0, 29

1, 78

<u>Reflexionsfragen</u>

1. Heute habe ich...

2. Schwierigkeiten hatte ich...

3. Besonders leicht gefallen ist mir...

4. Mein Ziel für die nächsten Stunden ist....